贺师傅天天美食

活力蔬果汁

加 贝 ◎ 著

金牌厨师&营养师
联袂推荐

译林出版社

图书在版编目(CIP)数据

活力蔬果汁 / 加贝著. —— 南京 : 译林出版社 ,2015.2
(贺师傅天天美食系列)
ISBN 978-7-5447-5268-8

Ⅰ．①活… Ⅱ．①加… Ⅲ．①果汁饮料－制作②蔬菜－饮料－制作
Ⅳ．① TS275.5

中国版本图书馆 CIP 数据核字 (2015) 第 027729 号

书　　名	活力蔬果汁	
作　　者	加　贝	
责任编辑	陆元昶	
特约编辑	梁永雪	
出版发行	凤凰出版传媒股份有限公司	
	译林出版社	
出版社地址	南京市湖南路1号A楼，邮编：210009	
电子信箱	yilin@yilin.com	
出版社网址	http://www.yilin.com	
印　　刷	北京京都六环印刷厂	
开　　本	710×1000毫米　　1/16	
印　　张	8	
字　　数	22千字	
版　　次	2015年3月第1版　　2015年3月第1次印刷	
书　　号	ISBN 978-7-5447-5268-8	
定　　价	25.00元	

水蜜桃
芒果汁

ontents 目录

营养活力蔬果汁

养颜减脂蔬果汁

强身保健蔬果汁

西红柿含
大量果酸、
及食物纤

蔬果汁营养大公开

维生素

维生素是维持人体正常生理活动不可或缺的重要营养物质，蔬果中含有各种各样的维生素，饮用蔬果汁无疑是最原生态的补充维生素的方法，那蔬果中都含有哪些维生素呢？我们一起去看一下。

维生素 A

水果和蔬菜中的维生素 A 含量非常多，具有调节人体新陈代谢的作用，常吃含有维生素 A 的蔬果，具有抵抗衰老、滋润肌肤、保护视力的作用。菠菜、胡萝卜、西红柿等蔬果中的维生素 A 含量都很多。

B 族维生素

绿叶蔬菜中的 B 族维生素含量尤其丰富，其中包括维生素 B_1、维生素 B_2、维生素 B_6、维生素 B_{12} 和叶酸等，B 族维生素对人体代谢具有重要作用，它对于怀孕的妈妈、饮食不均衡的上班族来说，是必须补充的维生素。

维生素 C

维生素 C 广泛存在于各种水果中，具有防癌、抵抗感冒、美白的功效，尤其在柠檬、橙子等酸味重的水果中，维生素 C 的含量更高。老人、婴幼儿体内容易缺乏维生素 C，应多注意搭配食用水果，饮用蔬果汁。

维生素 E

维生素 E 大多存在于水果蔬菜的表皮和坚果中，这种维生素具有改善血液循环、消除自由基等作用。菠菜、包心菜、胡萝卜等都是维生素 E 含量较多的蔬果，常饮用这些蔬果打成的果汁可以延缓人体老化。

纤维素

纤维素是蔬菜水果里独特的物质，它不仅能促进肠胃蠕动，帮助消化，还能清除多余的脂肪，阻止肠内脂肪堆积。常吃芹菜、木瓜、香蕉、苹果等蔬果可以补充大量人体所需纤维素，从而加速人体排便，起到排毒、瘦身的作用。

矿物质

蔬果是矿物质的主要来源之一，其中钙、铁、钾等矿物质的含量较为丰富。食用蔬果是人体补充矿物质的重要途径。如果人体缺乏矿物质，将导致代谢失调，生理功能缺失等问题。那么蔬果中包含的矿物质都有什么神奇的作用呢？

铁元素

蜜桃、菠萝、菠菜等蔬果中含有较多的铁元素，铁元素是红细胞的主要组成成分，它能帮助红细胞运输氧气，为人体提供更多能量。补充铁元素可以促进人体造血，避免引起缺铁性贫血等不良症状。

钾元素

钾元素是调节人体水液代谢的重要矿物质。夏季炎热时，钾元素通过人体流汗的方式流失，若此时不及时补充钾元素，人就会出现疲劳、无力等状况。多饮用清爽的含钾蔬果汁更有利于改善体内钠钾平衡。

镁元素

蔬菜、水果中大多含有镁元素，镁具有促进新陈代谢、放松肌肉的作用。现代人压力过大，多补充镁元素可以帮助人体舒压，放松身心。在蔬菜和水果中，香蕉、菠菜等蔬果中，镁元素的含量最为丰富。

抗氧化物

天然的抗氧化物质中，以茄红素、花青素等物质效果最显著。抗氧化物质能消除损害人体细胞的自由基，避免细胞氧化，延缓人体器官的衰老。西红柿、苹果、葡萄中均含有抗氧化物，具有显著的抗氧化效果。

健康蔬果汁饮法

现代人工作忙碌，常常饮食不规律，导致摄取的营养不够完善，从而引起各种各样的不适症状。为了便利，大多数人会购买超市中的果汁饮料饮用，其实大部分的果汁饮料都含有添加剂和色素，纯蔬果的营养素含量几乎为零，营养价值很低。因此在家自制的蔬果汁越来越受到人们的欢迎。

现打现喝最营养

除了使用新鲜蔬果制作外，蔬果汁最好要现打现喝。如果蔬果汁打出来之后放置的时间太久，营养物质接触空气后氧化，营养成分也会变化，使蔬果汁的效用降低。所以如果想喝到最营养美味的蔬果汁，还是要搅打之后马上喝掉。

最宜清早喝果汁

经过一夜的代谢，每天早上醒来的时候，人体处于消耗殆尽的低血糖状态。身体急需营养的状态下，如果补充过多碳水化合物，会快速提高血糖，增加体重。如果清晨空腹搭配糙米饭等谷类早餐饮用蔬果汁，能预防血糖上升，其中丰富的纤维素还能帮助肠道蠕动，促进人体排毒。

蔬果汁饮用禁忌

上火、血压高的人最好不要饮用荔枝、桂圆等容易使人上火的蔬果所制作的蔬果汁；而糖尿病患者更不能饮用糖分含量高的蔬果汁，如葡萄汁、甜瓜汁、甘蔗汁等。在饮用新鲜的蔬果汁时，最好要一口一口地慢慢喝，不仅可以舒缓心情，还能保证蔬果汁的营养可以被身体完全吸收。

猕猴桃蜂蜜汁

Q&A
猕猴桃怎么保存？

吃不了的猕猴桃不要放在通风处，容易使猕猴桃中的水分流失，果实变得越来越硬。可以将猕猴桃放在箱子中，放置冰箱可保存二到三个月。另外，软的猕猴桃和硬的猕猴桃不要放在一起保存。

材料
猕猴桃2个、凉白开水半碗

调料
蜂蜜1大勺

制作方法

① 将猕猴桃对半切开。

② 用勺子将猕猴桃肉挖出。

③ 切下猕猴桃果肉，去除猕猴桃硬核。

④ 将猕猴桃果肉放入搅拌机中搅打成糊状。

⑤ 若糊状物过于黏稠，加入凉白开水，再次搅打。

⑥ 搅打均匀后，淋入蜂蜜即可。

强化免疫 + 养护肌肤

猕猴桃是一种营养丰富的水果，具有多种营养作用，堪称果中之王，其中强化免疫和养护肌肤的作用尤其明显。猕猴桃中含有大量的VC和抗氧化物质，以及丰富的矿物质，对保持人体健康具有重要的作用。

·营养小贴士·

西红柿鲜橙汁

Q&A
西红柿怎么挑选才正确？

自然成熟的西红柿质地偏软，体型匀称，而用化学物质催熟的西红柿通常果实通体发红，外形有棱角不匀称。买回来的西红柿应尽快吃完，吃不完的可晾干后用保鲜袋装好，放入冰箱冷藏即可。

材料
西红柿2个、胡萝卜1根、橙子1/2个、芹菜1/3根

调料
蜂蜜2大勺、柠檬汁2大勺

制作方法

1 西红柿洗净，放入沸水锅中略烫一下，去除外皮。

2 然后将西红柿切成滚刀块，备用。

3 胡萝卜去皮、洗净，切成小块。

4 橙子切成小瓣、去皮，取出果肉。

5 芹菜择洗干净，去除老筋，切段。

6 将所有材料放入榨汁机中，加入柠檬汁、蜂蜜，搅打均匀。

抵抗氧化 ＋ 增强免疫

西红柿中含有丰富的抗氧化剂——番茄红素，它可以防止自由基对皮肤的破坏，具有明显的延缓衰老、美容抗皱的作用。西红柿富含胡萝卜素、维生素C和B族维生素，还具有调节代谢，提升免疫力的作用。

·营养小贴士·

草莓柳橙菠萝汁

蔬果汁
饮法

Q&A

草莓怎么挑选才美味？

选购草莓时，建议挑选色泽鲜亮有光泽、结实、手感较硬者，太大或太水灵、畸形的不要选。清洗时先用自来水连续冲洗几分钟，再用第一遍的淘米水、淡盐水分别浸泡3分钟，最后用净水冲洗一遍。草莓保鲜期短，宜冷藏保存。

材料
草莓10颗、柳橙1个、菠萝半个、凉白开水半碗

调料
柠檬半个、蜂蜜1小勺

制作方法

1 草莓洗净、去蒂，对半切开。

2 柳橙去皮，切成小块。

菠萝硬芯搅拌后易形成沉淀，应该去除

3 菠萝去掉硬芯，切成小块。

4 将草莓、柳橙和菠萝丁放入果汁机中。

5 倒入凉白开水，按下开关，搅打成果汁。

6 挤入适量柠檬汁，淋入1小勺蜂蜜，调匀即可。

强化免疫 + 调节代谢

草莓能润肺生津、健脾和胃、补血益气、有助消化；柳橙中的膳食纤维、维生素和苹果酸具有美白抗氧化，降低胆固醇的功能；菠萝具有清热生津、消食止泻、降低高血压的功能，还能抵抗病毒、提高免疫力。

·营养小贴士·

红枣苹果汁

Q&A

红枣怎么选择才味浓?

选购红枣时,应挑选个大、肉厚、核小、干净、光泽红亮、无霉烂、无虫蛀、无明显异味、干枣含水量适中、含糖量高、枣味浓重、大小均匀的当年果。新鲜红枣在0℃冷藏可保存较长一段时间。

材料
红枣20颗、苹果1个、纯牛奶1袋

调料
蜂蜜1小勺

制作方法

① 红枣洗净、对半切开,去核。

② 苹果洗净,切成小块。

③ 将红枣和苹果块一起放入果汁机中。

④ 倒入纯牛奶,按下开关,搅打成果汁。

⑤ 将搅打好的果汁倒入杯中。

⑥ 淋入1小勺蜂蜜,调匀即可。

强化免疫 + 调节代谢

苹果具有生津止渴、润肺降噪、解暑除烦、健脾益胃、醒酒、止泻的功效,红枣有补中益气、养血安神、补肾益精、养肝明目、止渴止咳的功能。这款果汁有助于女性纤体美容。

·营养小贴士·

菠萝柠檬汁

Q&A

菠萝怎么处理？

菠萝中含有一种糖苷类物质，食用后会对人体口腔黏膜产生刺激性的作用，因此，食用菠萝前，可将菠萝去皮切片，在加了少量盐的清水中浸泡30分钟后再食用，经过这样处理过的菠萝就不会产生刺激性了。

材料

菠萝半个、柠檬1个、凉白开水半碗、碎冰适量

调料

蜂蜜2小勺

制作方法

1 菠萝去皮，切成3cm大小的块。

2 然后放入淡盐水中浸泡半小时，避免菠萝中的活性酶物质对我们的口腔产生刺激。

3 柠檬洗净，切开、去除果皮，余下的果肉切块，备用。

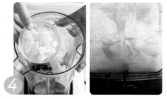

4 把菠萝块和柠檬块倒入果汁机中，倒入凉开水。

5 待搅成果汁后，用滤网滤掉果汁中的泡沫。

6 最后，放入碎冰，淋入蜂蜜，即可饮用。

帮助消化 + 促进循环

菠萝中含有一种活性酶物质，具有分解蛋白质、帮助消化、促进血液循环的作用，大量食用油腻的肉类食物后，适量吃一些菠萝可以防止脂肪沉积。这种蛋白酶能促进肠胃蠕动，改善消化不良等症状。

· 营养小贴士 ·

石榴柠檬汁

石榴汁怎么保鲜？

纯石榴汁虽然甘甜，但非常容易氧化，氧化后的果汁口味会发涩。榨汁时加入柠檬，能减缓氧化的速度，而且口味甜中带酸，味道清爽。石榴柠檬汁榨完后，也不要久放，应尽快饮用。

材料
石榴1个、柠檬半个、凉白开水半碗

调料
蜂蜜1小勺

制作方法

1 石榴去皮、取出果粒，放入碗中，备用。

2 柠檬洗净，去除柠檬皮，果肉留用。

3 然后将柠檬果肉切块，与石榴籽放在一起。

4 将石榴籽和柠檬肉放入果汁机中，倒入凉白开水，搅打成果汁。

5 用滤网过滤搅打好的果汁，滤出纯净的石榴柠檬汁。

6 最后，淋入蜂蜜，搅拌均匀，即可饮用。

增强免疫 ＋ 抵抗氧化

石榴是一种营养丰富的浆果，可生食也可榨汁饮用，其中维生素C的含量比普通水果要高很多，常吃可以增强人体免疫功能。研究发现，石榴中含有丰富的抗氧化剂，具有延缓组织老化的作用。

·营养小贴士·

蜜桃优酸乳

Q&A
水蜜桃怎样快速去毛？

稍微把桃子蘸湿，用细盐来回均匀搓洗桃皮，用清水洗净，再把桃放在盐水里浸泡3分钟，盐水中的盐不用放太多，再用清水洗净，去核，切块即可。去皮后的水蜜桃应尽快食用，不然会氧化变黑，口感尽失。

材料
水蜜桃1个、原味优酸乳1袋、黄桃罐头少许

调料
白砂糖2小勺

制作方法

① 水蜜桃洗净、去皮。切成小块，放入搅拌机内。

② 接着倒入优酸乳。

③ 放入砂糖，按下开关，将桃块搅碎。

④ 然后将混合优酸乳盛出，放入少许罐头黄桃即可

补血养气 + 解渴消暑

水蜜桃含有多种维生素和果酸以及钙、磷等矿物元素，水蜜桃的铁元素含量较高，具有补益气血的作用，是缺铁性贫血病人的理想辅助食物。水蜜桃富含水分，能养阴生津，食用后可解渴消暑。

·营养小贴士·

芒果柳橙苹果汁

Q&A

芒果怎么保存？

芒果、橙子和苹果中，芒果最不易保存。不要将芒果这种热带水果放在低温环境下保存，否则果皮会出现凹陷或者黑色斑点，从而导致水果变质。正常情况下，芒果应放在阴凉处贮藏，避免阳光直射。

材料
芒果半个、苹果1个、柳橙1个、凉白开水半碗

调料
蜂蜜2小勺

制作方法

1 芒果切开，用勺子挖出果肉放入碗中，果核不要。

2 苹果洗净，对半切开，去除籽粒，然后连皮切成3cm大小的块。

3 橙子肉洗净、去皮，切成和苹果一样大小的块。

4 将芒果肉、苹果块、橙子块放入果汁机中，加入凉白开水，搅打成果汁。

5 用滤网将果汁表面的浮沫过滤掉，果汁倒入杯中。

6 最后，淋入蜂蜜，冷藏片刻饮用，风味更佳。

增强免疫 + 抵抗氧化

芒果、柳橙、苹果都是维生素C含量很高的水果，丰富的维生素C能改善皮肤暗沉，增强人体免疫，抵抗细胞氧化。但是这些水果中的糖分含量也高，所以要控制饮用量，避免糖分摄入过多。

·营养小贴士·

西瓜葡萄汁

Morning
Healthy and Tasty
's enjoy breakfast!

Q&A
西瓜怎么选购？

选购西瓜时，要选择表面光滑、瓜纹黑绿的熟瓜，这样的西瓜果肉较甜。用手轻轻敲打瓜皮，若发出"铛铛"清脆的声响，则表示此瓜还未成熟，不应购买。新买的西瓜应放在室温下尽快吃完。

材料
西瓜半块、葡萄1串

调料
蜂蜜1小勺、柠檬汁1小勺

制作方法

1 用勺子挖出西瓜果肉，去除西瓜籽后，放入碗中备用。

2 葡萄洗净、放入盐水浸泡10分钟，去除表面的细菌和杂质。

3 将浸泡过的葡萄去皮，葡萄果肉与西瓜放在一起。

4 将西瓜果肉和葡萄果肉一起放入果汁机，搅打成汁。

5 用滤网过滤掉搅打剩下的果肉和浮沫，滤出纯净果汁。

6 最后，加入蜂蜜、柠檬汁搅匀，即可饮用。

补充水分 + 抵抗氧化

西瓜和葡萄都属于凉性水果，而且都含有大量水分，食用后可解渴消暑，夏季食用尤其有用。葡萄籽是抗氧化作用很强的物质，经过搅拌葡萄籽也融合入果汁中，形成少许沉淀，一起饮用营养更佳。

·营养小贴士·

水蜜桃芒果汁

Q&A
桃怎么选购与保存？

形状端正、颜色鲜艳的桃品质最佳。好的桃切开后果肉柔软，果皮也容易剥离。水蜜桃表面附有一层绒毛，最好去皮后再榨汁饮用，不然会影响饮用口感；桃放在室温下可以抑制果肉中的酸味，口味更佳。

材料
水蜜桃2个、芒果1个、凉白开水半碗

调料
蜂蜜2小勺

制作方法

① 水蜜桃洗净，轻轻撕去外层表皮。

② 芒果洗净、去皮、对半切开，再挖出果肉，果核不用。

③ 将桃肉和芒果肉切成相同大小的块。

④ 把所有果肉放入果汁机中，倒入凉白开水，搅打成果汁。

⑤ 过滤掉果汁表面的浮沫，滤入到杯中。

⑥ 淋上蜂蜜，搅拌均匀，即可饮用。

补充糖分 + 提供能量

水蜜桃和芒果中的糖分含量都很高，食用后可转化为血糖，提供人体能量。但是糖尿病患者等特殊人群需要注意食用的分量，避免摄入太多糖分而导致血糖水平升高，从而使病情恶化。

·营养小贴士·

最适合

孩子成长喝的

10 种蔬果汁

果汁	材料	效果	页数
鲜榨玉米汁	玉米 + 蜂蜜	玉米生鲜的香味最受孩子喜爱，常喝玉米汁可以促进小朋友身体排毒、保持活力。	P33
芒果西柚汁	芒果 + 西柚 + 牛奶 + 蜂蜜	这道果汁果香浓郁，甜中带酸，混合牛奶后口感黏口，小朋友饮用后能胃口大开。	P37
猕猴桃菠萝苹果汁	菠萝 + 猕猴桃 + 苹果	果汁中会留有少许未搅打细碎的果肉，伴着果汁饮用，既有乐趣，又有营养。	P39
香蕉苹果汁	香蕉 + 苹果 + 牛奶 + 蜂蜜	香蕉苹果汁中的纤维素丰富，可以帮助孩子消化排毒，甘甜的口味也爱不释手。	P73
西瓜菠萝柠檬汁	西瓜 + 菠萝 + 柠檬	将搅碎的西瓜和菠萝果肉就着甜甜的果汁一起喝下，是每个小孩子都爱做的事。	P83
猕猴桃蜜桃酸奶	猕猴桃 + 水蜜桃 + 酸奶	猕猴桃搭配酸奶的酸甜味果奶，小宝贝们最爱这酸酸的味道，营养与美味俱佳。	P89
南瓜牛奶	南瓜 + 牛奶 + 大米	南瓜牛奶和着米香，每一种都是孩子爱的味道，而且蛋白质含量丰富，非常营养。	P97
西瓜桃汁	西瓜 + 水蜜桃 + 香瓜	三种甘甜水果打成的果汁，连最挑嘴的孩子都能满足，孩子饮用后既开胃又营养。	P99
芒果柳橙汁	芒果 + 柳橙 + 柠檬	芒果和柳橙中的维生素 C 含量丰富，对于体质较弱的孩子来说，可以增强抵抗力。	P109
葡萄柠檬汁	葡萄 + 柠檬 + 橘子	这款果汁具有开胃的效果，不爱吃饭的小朋友可以常喝，增进食欲，开胃理气。	P119

最适合
青年男女喝的
10 种蔬果汁

果汁	材料	效果	页数
青椒西红柿汁	青椒 + 西红柿	青椒含有特殊的辣椒素，对于促进新陈代谢，使身体保持活力，来应对工作生活。	P47
山药苹果汁	山药 + 苹果 + 牛奶	山药和苹果富含植物纤维，可以帮助人体排毒，让正值青春的你迎接新的一天。	P55
木瓜豆浆	木瓜 + 豆浆	豆浆中含有一种特殊的雌激素，对于调节女生内分泌，维护女性健康有很大帮助。	P67
红薯苹果牛奶	红薯 + 苹果 + 牛奶	红薯和苹果属于低热量、高纤维的食物，想要瘦身减肥的青年男女可多多饮用。	P69
芦荟蜂蜜汁	芦荟 + 蜂蜜	芦荟含有生物活性物质，具有美容护肤的作用，饮用芦荟汁还能加强肠胃功能。	P71
菠菜胡萝卜汁	菠菜 + 胡萝卜 + 柠檬	菠菜和胡萝卜都属于粗纤维蔬菜，打成果汁后，纤维得以保留，饮用后可促进排毒。	P79
红石榴牛奶	石榴 + 西瓜 + 牛奶	石榴中丰富的抗氧化物质可以保持身体年轻态，让疲惫的身体时刻保持轻松。	P85
胡萝卜石榴汁	胡萝卜 + 石榴	胡萝卜中的维生素 A 含量丰富，多多摄取可以维持青年人正常的身体新陈代谢。	P103
西柚苹果汁	西柚 + 苹果	西柚中的酸性物质可以促进消化、缓解疲劳，让青年男女从容面对工作与生活。	P107
胡萝卜山楂汁	胡萝卜 + 山楂	山楂汁酸甜的味道具有开胃消食的作用。果汁中丰富的胡萝卜素还可促进代谢。	P123

最适合
中老年人喝的
10 种蔬果汁

果汁	材料	效果	页数
红枣苹果汁	红枣 + 苹果 + 牛奶	红枣有安神、补血的作用，此果汁能为中老年人补充足量的纤维素，预防便秘。	P11
鲜榨玉米汁	玉米 + 蜂蜜	玉米汁中富含维生素E，能延缓细胞衰老、降低胆固醇，让中老年人保持年轻态。	P33
莲藕蜜汁	莲藕 + 蜂蜜	温藕汁具有养胃滋阴的功效，其中含有多种营养素，有"新采嫩藕胜太医"之说。	P43
芝麻紫薯汁	紫薯 + 大米 + 芝麻	紫薯汁中含有花青素，这种物质具有抵抗衰老的作用，能增加中老年人血管弹性。	P45
山药苹果汁	山药 + 苹果 + 牛奶	山药是中老年人滋补的好食材，打成果汁更加顺口；苹果纤维还能预防老年便秘。	P55
红薯苹果牛奶	地瓜 + 苹果 + 牛奶	地瓜和苹果中的纤维素含量丰富，中老年人饮用后可加强肠胃排毒功能。	P69
松子木瓜玉米浆汁	松子 + 木瓜 + 玉米	坚果和玉米中的维生素E含量丰富，这种抗氧化素能延缓老人细胞衰老。	P77
西柚苹果汁	西柚 + 苹果	西柚、苹果的果胶能吸附肠内多余的胆固醇，使其及时排出体外，保护血管健康。	P107
葡萄柠檬汁	葡萄 + 柠檬	葡萄籽是非常有效的抗氧化物，打成果汁后会变成沉淀，常饮葡萄汁能减缓老化。	P119
胡萝卜山楂汁	胡萝卜 + 山楂	山楂和胡萝卜的纤维素丰富，能促进肠道蠕动，帮助中老年人排除宿便，一身轻松。	P123

最适合
四季保健喝的

10 种蔬果汁

果汁	季节	材料	效果	页数
胡萝卜石榴汁	春	胡萝卜 + 石榴	春天人体要恢复活力，摄取胡萝卜中的维生素 A 可加速新陈代谢。	P103
樱桃酸奶	春	樱桃 + 酸奶	樱桃中胡萝卜素含量丰富，它可以转化成维生素 A，促进新陈代谢。	P115
猕猴桃蜂蜜汁	夏	猕猴桃 + 蜂蜜	猕猴桃具有解热止渴等功效，还富含维生素 C，可以增强人体抵抗力。	P05
西瓜桃汁	夏	西瓜 + 水蜜桃 + 香瓜	西瓜、香瓜和水蜜桃中饱含水分，用它们打成果汁不仅解渴，而且开胃。	P99
西红柿芒果汁	夏	西红柿 + 芒果	西红柿和芒果中富含维生素 C，可增强抵抗力，预防夏季感冒的发生。	P113
黄瓜菠萝汁	夏	黄瓜 + 菠萝 + 橙子	这道果汁具有味道香甜，口感清爽，解腻、开胃的作用，夏季宜多饮。	P121
西柚苹果汁	秋	西柚 + 苹果	柚子理气、润肺，还富含蛋白质、维生素，是秋季清热去燥的好水果。	P107
胡萝卜山楂汁	秋	胡萝卜 + 山楂	胡萝卜和山楂纤维素含量丰富，具有消食的效果，山楂还有活血作用。	P123
金橘胡萝卜汁	冬	胡萝卜 + 金橘	橘子含有维生素 C 和柠檬酸，可以预防天冷引起的感冒等症状。	P105
芒果柳橙汁	冬	芒果 + 柳橙 + 柠檬	三种水果中的维生素 C 含量丰富，能增强人在冬季的抵抗力。	P109

营养活力蔬果汁

用苹果、猕猴桃、玉米、紫薯等
蔬果打出活力蔬果汁，
延缓衰老、补充活力，喝出百分百活力，
享受营养好生活。

哈密瓜中铁的含量比鸡肉多两到三倍，比牛奶高了17倍，具有活血补血的功效，有效预防孩子贫血。

甜瓜哈密柠檬汁

营养活力 蔬果全知道

玉米

玉米具有益气开胃、促进大脑发育、调节神经、增强人体新陈代谢、排除毒素的功能，是儿童最好的"益智食物"。

花生

花生具有润肺止咳、滋补气血、帮助预防疾病、促进骨骼发育、提高智力的功能，是营养价值非常高的蔬果。

苹果

苹果具有补脑养血、宁神安眠、解暑除烦、帮助消化、促进体内毒素排出的功能，被誉为"全方位的健康水果"。

芒果

芒果具有生津止渴、益胃止呕、消暑舒神、延缓细胞衰老、有效抵抗氧化的功能，有"热带水果之王"的美称。

西柚 西柚具有增进食欲、舒缓压力、振奋精神、减轻忧郁不安、改善肥胖的功能，是集保健与美容于一身的水果。

 **菠萝** 菠萝具有养颜瘦身、增加胃肠蠕动、缓解便秘、促进新陈代谢，消除疲劳感的功能，是营养十分丰富的热带水果。

 木瓜 木瓜具有清心润肺、健胃消食、美容养颜、增强人体抵抗力、延缓衰老的功能，是色香味俱佳的"岭南果王"。

 莲藕 莲藕具有开胃清热、益气补血、增强人体抵抗力、利尿通便、帮助排出体内毒素的功能，营养价值非常高。

 葡萄 葡萄具有生津益肾、强健筋骨、预防气短乏力、有效延缓衰老、保持肌肤细腻有弹性的功能，被誉为"植物奶"。

 火龙果 火龙果具有排毒护胃、美白减肥、对抗自由基、有效抵抗衰老、预防贫血的功能，是营养丰富、功能独特的蔬果。

鲜榨玉米汁

Q&A
玉米怎么挑才香甜?

嫩玉米比老玉米的口感要嫩，嫩玉米颗粒均匀，叶子嫩绿，捏起来比较软，老玉米硬邦邦的，颗粒发瘪。榨汁时，玉米一定要煮透，没有煮透的玉米榨出的汁会渣水分离，喝起来没有浓稠的口感。

材料
新鲜玉米1根、温开水半碗

调料
蜂蜜1大勺

制作方法

① 玉米去皮、去须、洗净，放入开水锅中煮熟，晾凉。

② 然后剁出玉米粒，备用。

③ 将玉米粒放入果汁机，加等量温开水，榨出玉米汁。

④ 最后，拌入蜂蜜即可。

促进排毒 + 延缓衰老

玉米中富含营养物质，其中含有的大量植物纤维能促进人体排毒。玉米中的维生素E有延缓衰老、降低胆固醇的功能。食用玉米的胚尖可以增强人体新陈代谢、调整神经系统的功能。

·营养小贴士·

木瓜紫甘蓝鲜奶

Q&A
木瓜怎么挑选?

挑选木瓜时,应选择椭圆形、瓜肚大的木瓜,用手指按压果实有软软的感觉,表明木瓜已经熟透,瓜肉会柔软而且汁水含量多。若买后即食,应选择果皮发黄的木瓜,选择颜色略带青色的木瓜,可保存两三天。

材料
木瓜1/4个、紫甘蓝1/4个、牛奶半碗

调料
糖2小勺

制作方法

1 木瓜去皮、对半切开、去籽,切块。

2 紫甘蓝洗净、滗干,切片。

3 将所有材料都放入果汁机中。

4 倒入牛奶,与蔬果混合在一起。

5 按下开关,搅拌成果汁,过滤掉表面浮沫。

6 最后,加入糖搅匀,即可饮用。

养护皮肤 + 抵抗氧化

木瓜含有一种蛋白酶,能促进蛋白质的吸收,保持肌肤弹性,维持正常的新陈代谢。木瓜和紫甘蓝都富含维生素C,而且紫甘蓝中还含有丰富的花色甙,具有一定的抗氧化作用,对人体十分有益。

·营养小贴士·

芒果西柚汁

Q&A
芒果不能和什么一起吃？

芒果不能与海鲜一起吃，容易导致消化不良；芒果也不能跟菠萝同食，因为两者本身也含有易引起皮肤过敏反应的成分；芒果还不能跟大蒜同食，易造成过敏，严重者会出现红肿、疼痛等症状。

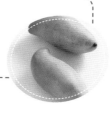

材料
芒果半个，西柚1/4个，牛奶半杯，冰块2个

调料
蜂蜜2小勺

制作方法

① 芒果洗净、去皮、用刀将果肉削下，切成小块备用。

② 西柚去皮，切成和芒果一样大小的块状。

若孩子饮用，可不加冰块，保护肠胃健康

③ 然后把芒果块和西柚块一起放入果汁机中。

④ 往果汁机中倒入牛奶。

⑤ 将冰块压碎，放入果汁机中，按下开关，搅打成果汁。

⑥ 最后，倒出果汁，淋入2小勺蜂蜜调味即可。

止咳明目 + 延缓衰老

芒果中富含糖类及维生素，特别是胡萝卜素含量占水果中的首位，有保护视力的作用。芒果中含有多酚、磷等物质，孩子常吃芒果，能补充许多抗氧化的营养素，其所含的芒果苷还有止咳的功效。

·营养小贴士·

猕猴桃菠萝苹果汁

营养活力

Q&A
猕猴桃怎样储存才更长久？

猕猴桃可放在箱子中，置于阴凉处。注意不要放置在通风处，这样会造成猕猴桃水分流失，变得越来越硬。不要将软的猕猴桃和硬的猕猴桃一起存放，除非是想催熟，挑出软的猕猴桃后要把箱子盖好。

材料
菠萝半个、猕猴桃2个、苹果1个、凉白开水适量

调料
蜂蜜1勺

制作方法

用盐水泡可避免过敏反应

① 菠萝切成小块后，在淡盐水里泡20分钟。

② 猕猴桃去皮，切成小块。

③ 苹果洗净、去皮，切成小块。

④ 将浸泡好的菠萝、猕猴桃、苹果一起放入果汁机中。

⑤ 加入适量凉白开水，搅打成果汁。

如果不喜欢蜂蜜，也可不放

⑥ 最后，倒出果汁，加入1勺蜂蜜调味。

增强免疫 + 消除疲劳

猕猴桃含有大量的VC和抗氧化物质，可有效增强孩子身体的免疫功能。猕猴桃也含有相当高的5-羟色胺，可以帮助消除孩子的紧张疲劳感。常吃猕猴桃，有助于孩子保持充沛的体力。

·营养小贴士·

木瓜玉米牛奶

Q&A
选购木瓜有什么诀窍？

木瓜有公瓜和母瓜之分。公瓜呈椭圆形，较重，味道香甜。母瓜较长，味道稍差。煲汤宜选购生木瓜或半生的木瓜。作为生果食用则应选购较熟的瓜。成熟的木瓜瓜皮呈黄色，若果皮出现黑点，则已开始变质。

材料
甜玉米1根、木瓜1/4个、鲜百合1只、牛奶2杯

调料
冰糖1勺

制作方法

煮熟的玉米粒榨汁，口感浓稠顺滑

1
玉米剥皮，用刀从中间切开，把玉米粒剥下来。

2
玉米粒放入锅中煮熟后放凉。

3
木瓜洗净、去皮，切成小块备用。

4
鲜百合剥开，用清水冲净泥沙。

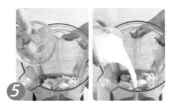

5
将煮熟的玉米粒、木瓜块、洗净的鲜百合放入果汁机，并倒入牛奶。

6
榨匀后，关闭果汁机，倒出果汁，加入冰糖调味即可。

健脾消食 + 补充营养

木瓜中含有一种酶，可以消化蛋白质，有利于人体对食物的消化和吸收，有健脾消食的功效。此外，木瓜富含大量水分、多种蛋白质及人体所需的氨基酸，食用后能有效补充营养，增强抗病力，精神满满。

·营养小贴士·

莲藕蜜汁

清热补气 + 增强免疫

莲藕中含有淀粉、维生素C、蛋白质等成分，含糖量很高，生吃新鲜的莲藕能起到清热解寒的作用。莲藕的营养价值很高，富含钙、铁等微量元素，补气益血，能增强免疫力，让身体充满活力。

·营养小贴士·

Q&A

新鲜的莲藕应该如何保存？

新鲜的莲藕应采取浸水法进行保存。具体做法是将莲藕洗净，放入合适的容器，然后加凉水至浸没莲藕。每隔1~2天可换凉水1次，冬天要保持水不结冰，这样可使鲜藕保持1~2个月不变质。

材料

白莲藕2节、淡盐水1碗、温开水1杯

调料

蜂蜜1勺

制作方法

① 莲藕洗净、去皮，切成小丁。

② 把切成小丁状的莲藕放入装有淡盐水的碗中，浸泡5分钟。

③ 浸泡好后，把莲藕丁倒出备用。

④ 在温开水中加入蜂蜜，并用汤匙搅拌均匀。

⑤ 将浸泡好的莲藕丁和调好的蜂蜜水放入果汁机，搅打成汁。

根据口感需要，可加入冰块

⑥ 榨匀后，倒出即可食用。

芝麻紫薯汁

Q&A
怎样挑到上乘的紫薯?

上乘的紫薯是长条形的，纺锤形者为佳，不要挑圆滚滚的。同等大小的紫薯中，要挑放在手上质感重的。选购紫薯时，应选择表皮呈偏紫黑色，表面光滑无黑斑，闻起来没有霉味的紫薯，这种紫薯品质最佳。

材料
紫薯2个、大米1小把、芝麻1勺

调料
白糖1小勺

制作方法

加一把米，让紫薯的口感香浓又美味

1 紫薯洗净、去皮，用刀切成小块，备用。

2 大米洗净，用热水浸泡10分钟。

3 将切好的紫薯块和浸泡好的大米放入果汁机中。

4 将芝麻也放入果汁机中。

5 加入适量的水，用果汁机搅拌均匀。

6 倒出榨匀的果汁，加入1小勺白糖调味即可。

增强体质 + 促进消化

紫薯富含花青素，其清除自由基的能力是维生素C的20倍，同时可以减少抗生素带给人体的伤害，起到增强体质的作用。紫薯含有大量的纤维素，能有效刺激肠胃蠕动，避免遭受宿便困扰，一身轻松。

·营养小贴士·

青椒西红柿汁

Q&A
青椒怎么选购？

成熟的青椒外观厚实、肉厚，顶端的柄是鲜绿色。未成熟的青椒较软，肉薄，顶端的柄呈淡绿色。选购青椒时，还可轻压一下。新鲜的青椒轻压后能很快弹回。最后要挑选有四个棱的青椒，营养更充足。

材料
青椒2个、西红柿1个、凉开水1杯

调料
蜂蜜1勺

制作方法

1 青椒洗净、去蒂及籽，切成大块。

去皮食用口感更好

2 西红柿去蒂、洗净、去皮，切成块待用。

3 将切好块的青椒和西红柿放入果汁机。

根据口感也可放入温开水

4 将凉开水倒入果汁机。

5 按下开关，将各项材料搅拌均匀。

6 最后，倒出已搅拌好的果汁，加入蜂蜜1勺进行调味，即可食用。

增进食欲 + 提神醒脑

青椒中含有大量的辣椒素，这些辣椒素有刺激唾液和胃液分泌的作用，可以增进食欲，让人胃口大开。常吃青椒，有助于提神醒脑，消除疲劳困乏感，让你一整天都能神采奕奕。

·营养小贴士·

蜜桃葡萄酸奶

Q&A
葡萄不宜与什么同食？

葡萄忌与海鲜同食。因为葡萄中含有鞣酸，与海鲜中的蛋白质结合会产生不易于消化的物质。葡萄也不能与牛奶同食。因为葡萄中的果酸同样会使蛋白质凝固，影响吸收，重者还会出现腹胀、腹痛等现象。

材料
蜜桃1个、葡萄20颗、酸奶1杯

调料
蜂蜜1勺

制作方法

1 蜜桃洗净、去皮、去核，切成小块。

2 葡萄洗净、去皮，放入碗中备用。

3 将切成小块的蜜桃放入果汁机。

根据口感需要，可加入冰块

4 将剥了皮的葡萄放入果汁机。

5 果汁机中倒入酸奶，按下开关开始搅拌。

6 搅拌均匀后倒出，加入蜂蜜1勺调味即可。

抵抗衰老 + 补充能量

葡萄中含有的类黄酮是一种强力的抗氧化剂，可以有效抵抗衰老，并能清除人体内的自由基。葡萄中的糖主要是葡萄糖，可以很快被人体吸收。常吃葡萄，可以及时补充人体所需能量，保持活力充沛。

·营养小贴士·

猕猴桃酸奶

Q&A

狝猴桃怎样挑选更美味？

选购狝猴桃时，建议挑选大小适中、手感较硬、外形完整均匀、呈黄褐色的果实。狝猴桃头尖尖的、表皮毛发不易脱落的酸甜可口。狝猴桃不易存储，冷藏保存可放一周左右。

材料

狝猴桃2个、酸奶1袋

调料

白砂糖1小勺、草莓酱1小勺

制作方法

1 狝猴桃去皮，切成小块，用碗盛好。

2 放入1小勺白砂糖，轻轻搅拌并捣碎。

留下一些用来做果肉

3 将3/4的狝猴桃放入果汁机中，搅打成果汁。

4 将狝猴桃汁以及剩余1/4的狝猴桃一起倒入酸奶中，搅拌均匀。

5 将1小勺草莓酱淋到狝猴桃酸奶上。

6 最后，将留出的果肉放入狝猴桃酸奶中，搅拌均匀即可。

强化免疫 + 调节代谢

狝猴桃含有丰富的钙、果胶、维生素C、维生素E，不含脂肪，具有强化免疫、润泽肌肤、美容养颜的功能，还能补充上班族加班熬夜所消耗的脑力和体力。孩子常食，则能强化大脑功能，促进生长素分泌。

·营养小贴士·

菠萝生菜汁

Q&A
菠萝怎么挑选？

选购时，选择一些个头粗壮的菠萝较好，这种"矮胖"菠萝的果肉比较多，口感更结实，相对好吃、味甜。用手轻轻按压菠萝，挺实而微软的是果肉饱满的菠萝，若按压时有汁液流出，则说明菠萝已经变质。

材料
菠萝半个、生菜1小把、柠檬半个

调料
蜂蜜1小勺

制作方法

用盐水泡可避免过敏反应

1 菠萝在盐水中浸泡约20分钟后，取出切成小块。

2 生菜洗净，切成小段。

3 柠檬挤出汁，放入一小碗内，备用。

4 将菠萝先放进果汁机里搅拌成泥。

5 然后将生菜、柠檬汁倒入，继续搅拌成泥。

6 最后，倒出已搅拌好的果汁，加入1小勺蜂蜜调味。

镇痛安神 + 防止便秘

生菜的茎叶中含有莴苣素，具有镇痛安神的功效。常吃生菜可以有效改善睡眠质量，为白天储备旺盛的精力。生菜中富含的膳食纤维，有助于消化吸收，促进体内废物排出，防止便秘。

·营养小贴士·

山药苹果汁

Q&A
山药怎么挑选？

挑选山药时，要选择表皮光滑，茎干粗壮、笔直的山药，拿到手中要有一定的质感，较重。如果是切好的山药，则最好选择切开处呈白色的。山药剥皮后，为了防止其变色，可以放入醋水中浸泡。

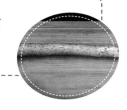

材料
山药1根、苹果半个、牛奶半杯

调料
蜂蜜1勺

制作方法

1 山药削皮，放入锅中蒸熟或煮熟。

2 将已熟的山药切成小段。

3 苹果洗净、去皮，切成小块。

4 把山药和苹果放入果汁机里。

5 倒入牛奶、按下开关、开始搅拌。

6 将搅拌好的果汁倒出，加入1勺蜂蜜调味即可。

养肺益气 + 延年益寿

山药中含有黏液质，有滋润、润滑的作用。孩子经常吃山药，可以养肺益气，让精神保持在最佳状态。山药中同时含有大量的维生素及微量元素，在补充孩子所需能量和精力时，老人食用还能延年益寿。

·营养小贴士·

甜瓜哈密柠檬汁

Q&A
挑选哈密瓜有什么秘诀？

挑选哈密瓜可以先用鼻子闻一闻，通常有香味的代表成熟度适中。然后用手轻轻地按压瓜的顶端，如果感觉绵软，说明这个瓜已经成熟。还有一个方法是看瓜皮上有无疤痕，疤痕已裂开的哈密瓜最好。

【材料】
甜瓜半个、哈密瓜1/4个、柠檬半个

【调料】
蜂蜜1小勺

制作方法

1 甜瓜洗净、去皮去籽，切小块。

2 哈密瓜削皮，切小块。

3 柠檬挤出汁，装入小碗中备用。

4 把切成块状的甜瓜和哈密瓜放入果汁机里。

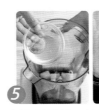

5 倒入柠檬汁、按下开关、开始搅拌。

根据口感，蜂蜜也可不加

6 最后倒出搅拌好的果汁，加入1小勺蜂蜜调味即可。

活血补血 + 清热解燥

哈密瓜铁的含量比鸡肉多两到三倍，比牛奶高了17倍，具有活血补血的功效，有效预防孩子贫血。哈密瓜口感清甜，易受孩子喜爱，夏天食用有清热解燥的作用，让你保持清爽、轻松舒活。

·营养小贴士·

火龙果蜂蜜汁

Q&A
火龙果应该如何保存？

火龙果买回来后，如果一时吃不完，可以用塑料袋包好，放在阴凉通风处或是冰箱里保存。不过要注意的是，火龙果不宜长时间保存，还是要尽快吃掉，否则容易腐烂变质。通常不要保存超过一个星期。

材料
火龙果1个、凉开水1杯

调料
蜂蜜2小勺

制作方法

1 火龙果剥去外皮。

2 用刀把火龙果切成小块。

3 将切成块的火龙果倒入果汁机里。

根据口感，可加入适量冰块

4 然后往果汁机中倒入凉开水。

5 加入2小勺蜂蜜。

6 按下开关，待食材搅拌均匀后，倒出即可饮用。

护胃排毒 + 预防衰老

火龙果富含一般蔬果中较少见的植物性白蛋白。它能保护孩子脆弱的胃壁，同时能与人体内的重金属离子结合，通过排泄系统排出体外。火龙果中的花青素则能起到抑制自由基、防衰老的作用。

·营养小贴士·

养颜减脂蔬果汁

用木瓜、苹果、石榴、蜜桃等

蔬果打出美颜蔬果汁，

润肤养颜、瘦身减脂，

让你从此拥有漂亮脸蛋和窈窕身材。

胡萝卜苹果
梨汁

挑梨时还要看底部的凹凸处。凹凸范围大且层次明显的梨，口感更加细腻。

养颜减脂 蔬果全知道

梨

梨具有补充身体水分、抵抗外界污染辐射、净化器官、保持细胞组织健康、排除毒素的功能，是全方位的健康水果。

红薯

红薯具有益气活血、抗氧化、减少皮下脂肪堆积、防皱润肤、抑制黑色素产生的功能，是理想的美容瘦身蔬果。

芦荟

芦荟具有排毒去火、养颜补虚、抗衰老、改善睡眠质量、消除多余脂肪的功能，在民间拥有"植物医生"的美誉。

香蕉

香蕉具有清热解毒、润肠通便、促进心血管健康、防止皮肤老化、抗氧化的功能，被誉为"新的水果之王"。

菠菜

菠菜具有补血养血、滋润脏腑、通肠导便、保持皮肤光洁、减少皱纹及色素斑的功能，有"蔬菜之王"的美誉。

黄瓜

黄瓜具有增进食欲、利尿止咳、清扫体内垃圾、调节消化系统、预防便秘的功能，是所有食物中含水量最高的蔬果。

红枣

红枣具有抗过敏、养血安神、增强人体免疫力、益气健脾、使皮肤和毛发光润的功能，是"天然的维生素丸"。

红石榴

红石榴具有降压降脂、排毒抗氧化、有效中和自由基、促进新陈代谢、益寿延年的功能，全身上下都是宝。

西兰花

西兰花具有清理血管、控制血脂、促进肝脏解毒、美容养颜、增强皮肤弹性的功能，有"蔬菜皇后"之称。

西瓜

西瓜具有生津止渴、抵抗紫外线、防止皮肤晒伤、抑制体内胶原蛋白分解、减轻浮肿的功能，是蔬果中的"盛夏之王"。

松子木瓜玉米浆汁

胡萝卜苹果梨汁

Q&A
梨怎么挑选才美味?

要挑选外形比较圆，表皮光滑的梨。这样的梨水分多，口感甜。挑梨时还要看底部的凹凸处。凹凸范围大且层次明显的梨，口感更加细腻。切忌挑选有虫眼、病斑或是磕伤的梨，不易保存且很容易腐烂。

材料
胡萝卜2根、苹果1个、梨1个、凉开水半杯

调料
蜂蜜或冰糖1小勺

制作方法

① 胡萝卜洗净、削皮，切成小块。

② 苹果洗净、削皮、去核，切成小块。

③ 梨洗净、削皮、去核，切成小块。

喜欢浓果汁也可不加水直接搅拌

④ 把切成小块的胡萝卜放进果汁机，倒入半杯凉开水，开始搅拌。

⑤ 然后把苹果块和梨块也放入果汁机中，按下开关，继续搅拌。

夏天可根据口感，加入冰块

⑥ 将搅拌好的果汁倒出，加入蜂蜜或冰糖调味，即可饮用。

养颜祛斑 + 润泽肌肤

胡萝卜中含有的胡萝卜素可以增强孩子的免疫力，清除致人衰老的自由基；苹果富含维生素、苹果酸等物质，在给孩子补充营养的同时，能养颜祛斑，保持肌肤润泽。梨中含有的果胶，还能促进肠胃消化。

·营养小贴士·

木瓜豆浆

Q&A

木瓜豆浆对女生的作用

豆浆极富营养，容易被人体吸收，对肠胃消化有益，与木瓜搭配饮用，具有调节女性荷尔蒙的作用，木瓜中含有的木瓜酶和维生素A可以促进女性身体发育，另外，空腹时不要喝豆浆，不利于营养吸收。

材料
木瓜1个、新鲜豆浆1杯

调料
白糖1勺

制作方法

1 木瓜洗净、一刀切成两半。

2 木瓜去皮、去籽，切成小块备用。

3 把木瓜块放入果汁机中，按下开关，开始搅拌。

4 木瓜搅拌成泥后，往果汁机里加入豆浆。

5 待木瓜泥和豆浆充分搅拌均匀后，按下开关，停止搅拌。

6 最后倒出果汁，加入白糖调味即可。

排毒减脂 + 美白护肤

木瓜含有木瓜酶，可以分解脂肪，及时将多余的脂肪排出；豆浆中含有"黄豆苷元"，这种植物雌激素可以有效调节内分泌系统的平衡，减少面部暗疮的产生，让孩子皮肤光洁细白，容光焕发。

·营养小贴士·

红薯苹果牛奶

Q&A
红薯应该怎么储存？

储存红薯前，最好可以放在外面晒一天，以保持其干爽度。然后，将晒好的红薯放到阴凉通风处或冰箱保鲜室。红薯可以用报纸包住，这样保存的时间会更长，而且可以增加红薯的甜度。

材料
红薯1个、苹果1个、牛奶1杯

调料
蜂蜜1小勺

制作方法

宜挑选红润的苹果，口感清甜

1 红薯洗净、去皮，切成小块备用。

2 苹果洗净、去皮、去核，切成小块备用。

3 把红薯块和苹果块放入果汁机中。

4 把牛奶倒入果汁机中。

5 按下开关，让三者均匀搅拌。

6 将搅拌好的果汁倒出，加入蜂蜜调味即可。

润肠通便 + 瘦身美容

红薯富含果胶和纤维素，能刺激肠胃蠕动，促进人体代谢，同时阻止糖分转化成脂肪，有效预防便秘和肥胖。红薯中还含有一种类似于雌性激素的物质，可以起到养护皮肤的作用。

·营养小贴士·

芦荟蜂蜜汁

Q&A
芦荟怎样吃才健康？

芦荟可以做成沙拉，也可以与肉类一起烹饪，还可以将芦荟当做原料入汤，或是直接榨汁。最简单的做法是把去皮后的芦荟直接用开水烫热后食用。要注意食用芦荟9~15g就有可能发生中毒，不宜多吃。

材料
芦荟2片、柠檬汁 1小杯、凉开水半杯

调料
蜂蜜1勺

制作方法

1 芦荟洗净、去皮，留芦荟肉。

2 将芦荟肉切成粒状、备用。

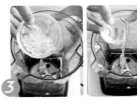

3 把芦荟粒放入果汁机中，倒入凉开水。

夏天可适当加冰水增强口感

4 将柠檬汁挤入碗中，倒入果汁机。

5 按下开关，充分搅拌成果汁。

6 将搅拌好的果汁倒出，加入蜂蜜调味即可。

补水嫩白 + 保湿防晒

芦荟含有多种氨基酸、矿物质，可以补充足够的微量元素。芦荟富含维生素和多糖，对皮肤有补水、嫩白的作用。而芦荟中所含的胶质能防止日照伤害造成的水分流失，保持肌肤的弹性。

·营养小贴士·

香蕉苹果汁

Q&A

苹果怎么选才美味？

选购苹果时，应挑选个大适中、果皮光洁、颜色艳丽、软硬适中、果皮无虫眼和损伤、肉质细密、酸甜适度、气味芳香者，新鲜苹果表皮发黏，能看到一层白霜，放在通风阴凉处可保存10天左右。

材料
香蕉1根、苹果1个、柠檬半个、牛奶1袋

调料
蜂蜜1小勺

制作方法

① 香蕉去皮，切成小块。

② 苹果洗净、去核，切成小块。

③ 柠檬洗净、去皮，切成小块。

④ 将香蕉、苹果块、柠檬块一起放入搅拌机中。

⑤ 倒入牛奶，按下开关，搅打成果汁。

⑥ 倒出果汁，淋入一小勺蜂蜜，调匀即可。

强化免疫 + 调节代谢

苹果含有丰富的糖类、有机酸、纤维素、维生素，是"全方位的健康水果"，具有抗氧化、预防癌症、降低血脂血压、美容养颜的功能。这款果汁还能增强饱腹感，饭前一杯能减少进食量，有助减肥瘦身。

·营养小贴士·

西红柿苹果包菜汁

Q&A
怎样选择更新鲜的包菜？

选购包菜时，建议挑选外表光滑、没有痕印虫洞、颜色鲜绿、菜叶脆硬、手感较沉的包菜最佳，这样的包菜比较新鲜。包菜使用不完可以用保鲜膜包好后冷藏保存，最多可存放2周的时间。

材料
西红柿2个、苹果1个、包菜1/4个、凉白开半碗

调料
蜂蜜1勺

制作方法

① 西红柿洗净，切成小块。

② 苹果洗净，切成小块。

③ 包菜洗净，切成小块。

④ 将所有切好的材料放入搅拌机中，倒入凉白开，按下开关，搅打成果汁。

⑤ 倒出果汁，并用细筛网过滤。

⑥ 淋入1勺蜂蜜，调匀即可。

强化免疫 + 调节代谢

包菜含有维生素A、维生素C、维生素E和矿物质，有很高的营养价值，用包菜榨汁能喝出水嫩肌肤和窈窕好身材，而且还可以促进身体代谢，帮助体内排出毒素和通便，达到净化体质、美容瘦身的效果。

·营养小贴士·

松子木瓜玉米浆汁

Q&A
玉米怎么挑选？

选购玉米时，应挑选苞大、籽粒饱满、排列紧密、软硬适中、老嫩适宜、质糯无虫者。发霉的玉米易产生具有很强致癌作用的黄曲霉素，购买时不宜买太多，冰箱冷藏可保存3天左右。

材料
甜玉米1根、木瓜1/4个、松子1把、清水1杯

调料
蜂蜜1小勺

制作方法

1 玉米去皮、洗净、用刀将玉米粒剔下，备用。

2 木瓜去皮、去籽，切成小块。

3 松子去壳，放入平底锅中，干锅加热，不断翻动至松子颜色变深。

4 将松子盛出，用刀切碎或用擀面杖碾碎，备用。

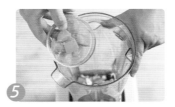

5 将玉米粒和木瓜块放入果汁机中，加入1杯清水。

6 最后，淋入蜂蜜，撒上松子碎即可。

强化免疫 + 调节代谢

玉米富含维生素、蛋白质、淀粉与纤维素，可溶性糖含量低，是糖尿病及减肥人群的最佳选择。此饮不仅能平肝和胃、有助消化吸收、促进代谢，还有丰胸美白，美容纤体的功能。

·营养小贴士·

菠菜胡萝卜汁

Q&A
怎样挑选新鲜的菠菜？

选购菠菜时，建议选择叶柄短、根小色红、叶色深绿的。菠菜中含一种草酸，易与钙质结合，会影响人体对钙的吸收，因而不能与含钙丰富的豆腐、豆制品同食。草酸溶于水，吃菠菜前最好用开水焯一下。

材 料
菠菜5棵、胡萝卜1根、柠檬半个、凉白开半碗

调 料
蜂蜜1小勺

制作方法

1 菠菜洗净，切成小段。

2 胡萝卜洗净切成小块。

3 柠檬洗净、去皮，切成小块。

4 将菠菜段、胡萝卜块、柠檬块一起放入榨汁机中。

5 倒入半碗凉白开水，按下开关，搅打成果汁。

6 倒出果汁，淋入1小勺蜂蜜，调匀即可。

强化免疫 + 调节代谢

菠菜含丰富的维生素，被称为"维生素宝库"，具有滋阴润燥、降低血脂血压、通利肠胃、促进人体代谢等功效。胡萝卜则具有很好的瘦脸功能，饭前喝一杯果汁，既健康又能达到减肥的目的。

·营养小贴士·

黄瓜木瓜柠檬汁

Q&A
木瓜怎么挑选才美味？

木瓜有公母之分，选购时建议挑选表皮色泽金黄、无瘀伤凹陷，体型较大、呈短椭圆形的"公瓜"。木瓜瓜肚越大，肉质越厚，成熟的木瓜手指轻按有软软的感觉，放到冰箱里冷藏可保存3天左右。

材料
黄瓜1根、木瓜1个、柠檬半个、凉白开半碗

调料
蜂蜜1小勺

制作方法

1 黄瓜洗净，切成小块。

2 木瓜洗净、去皮、去瓤，切成小块。

3 柠檬洗净、去皮，切成小块。

4 将黄瓜块、木瓜、柠檬一起放入榨汁机中。

5 倒入半碗凉白开，按下开关，搅打成果汁。

6 倒出果汁，淋入1小勺蜂蜜，调匀即可。

强化免疫 + 调节代谢

木瓜营养丰富，是"百益之果"，木瓜中的木瓜蛋白酶，可将脂肪分解为脂肪酸，促进消化吸收，并加快新陈代谢，达到美容纤体的功效。此饮可润泽肌肤、清润通便、排毒养颜，缓解青春痘症状。

·营养小贴士·

西瓜菠萝柠檬汁

菠萝怎样选才香甜?

选购菠萝时,建议选择大小均匀适中、果形端正(圆柱形或两头稍尖的椭圆形)、芽眼数量少、表皮呈亮黄色的、有淡淡香味的。菠萝中有一种蛋白酶,直接食用易引发过敏,需在淡盐水中浸泡半小时才可食用。

材料

西瓜2块、菠萝半个、柠檬半个、凉白开半碗

调料

蜂蜜1小勺

制作方法

盐水浸泡破坏菠萝蛋白酶,防止过敏

1 西瓜去籽,切成小块,西瓜皮不用。

2 菠萝去皮、去掉硬芯,切成小块,用淡盐水浸泡30分钟。

3 柠檬洗净、去皮,切成小块。

4 将西瓜、菠萝、柠檬一起放入果汁机中。

5 倒入半碗凉白开,按下开关,搅打成果汁。

6 倒出果汁,淋入1小勺蜂蜜,调匀即可。

强化免疫 + 调节代谢

柠檬含有丰富的维生素C和柠檬酸,是美白瘦身圣品;西瓜含有丰富的维生素C、纤维素、茄红素,又含磷、钙、钠等,能利尿排水,有益减肥和白皙肌肤;菠萝含维生素E、维生素C以及钠、钙、铁、锰和粗质纤维,能美白肌肤和瘦身。

·营养小贴士·

红石榴牛奶

Q&A 石榴怎样挑选才美味?

选购石榴时,建议选择外形方正显果棱、外皮光滑发亮、无黑斑及损伤的石榴,皮肉紧绷、手感较重的石榴水分更多,黄色品种的石榴比红色的更甜。石榴在阴凉干燥通风处,可保存月余。

材料
红石榴1个、西瓜1块、纯牛奶1袋

调料
蜂蜜1小勺

制作方法

1 红石榴去皮,取出石榴籽。

2 西瓜去籽,切成小块。

3 将石榴籽与西瓜块一起放入果汁机中。

4 倒入纯牛奶,按下开关,搅打成果汁。

5 将搅打好的果汁通过滤网,倒入杯中。

6 淋入1小勺蜂蜜,调匀即可。

强化免疫 + 调节代谢

石榴果实营养丰富,维生素C含量高出苹果、梨的二倍,具有抗氧化、活化细胞、令肌肤呈现自然嫩白光泽,对于女性减肥、瘦身有良好的作用。此饮还能软化血管预防冠心病、高血压。

·营养小贴士·

菠萝苹果西兰花汁

Q&A
西兰花怎么选才健康？

选购西兰花时，应挑选球茎大、花蕾饱满、颜色浓绿鲜亮、表面无凹凸、整体有隆起感、手感较重者最佳。若发现西兰花的表面发黄，闻起来有异味时，则表明西兰花已经不够新鲜；西兰花放入保鲜袋可冷藏保存1周。

【材料】
菠萝半个、苹果1个、西兰花1个、凉白开半碗

【调料】
蜂蜜1勺

制作方法

① 菠萝洗净，切成小段。

② 苹果洗净、去核，切成小块。

③ 西兰花洗净，切成小块。

④ 将菠菜、苹果、西兰花一起放入果汁机中。

⑤ 倒入凉白开水，按下开关，搅打成果汁。

⑥ 倒出果汁，淋入1勺蜂蜜，调匀即可。

强化免疫 + 调节代谢

西兰花含有抗氧化、防癌的植物化学成分，可有助于分解致癌物及抑制癌细胞繁殖；菠菜有大量β-胡萝卜素及叶酸，可增强免疫细胞。此饮适合整天面对电脑、工作压力大，又想要美容健身及提高免疫力的办公室白领。

·营养小贴士·

猕猴桃蜜桃酸奶

Q&A

水蜜桃怎么去皮？

先在桃的上下两端划出十字开口，再放入开水煮，煮时要不断翻动，然后捞出水蜜桃，放入冰水泡20秒即可脱皮，再去除桃核。买回来的新鲜水蜜桃可放在室温下保存，冷藏保存会使其香味流失。

材料
猕猴桃1个、水蜜桃1个、酸奶1袋

调料
柠檬汁1小勺

制作方法

1 猕猴桃去皮、去核。

2 切成小丁，留出部分猕猴桃丁备用。

3 水蜜桃去皮、去核

4 再将水蜜桃切成块。

5 将水蜜桃块和猕猴桃丁放入果汁机中，加入酸奶和柠檬汁。

6 按下开关，打成混合酸奶，再放上之前留下的猕猴桃丁即可。

调理肠胃 + 提高血糖

桃中含有非常丰富的果胶，可以吸收肠道内的毒素，具有调理肠胃的功能。桃的糖分含量也高，食用后会造成血糖上升。因此，糖尿病患者以及需要控制血糖的人群要适量食用。

·营养小贴士·

木瓜菠萝汁

Q&A

菠萝怎样挑才酸甜可口？

好的菠萝呈两头稍尖的椭圆形，果实均匀端正。好菠萝切开后，果肉厚而果芯细小，而品质较差的菠萝果肉较薄而果芯粗大，如果菠萝还未成熟的话，那么菠萝果肉的颜色会发白，口感也比较脆。

材料
木瓜半个、糖水菠萝5片、凉白开水半碗

调料
柠檬汁1小勺

制作方法

木瓜籽会影响饮用口感

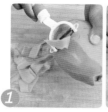

1 木瓜去皮、去籽。

2 然后将木瓜切成小块。

3 糖水菠萝切成小块，和木瓜一起放入榨汁机中，倒入凉白开水，搅打成果汁。

4 最后，加入柠檬汁，拌匀即可。

帮助消化 + 保持身材

菠萝含有人体所需的多种维生素，并能有效帮助肠胃消化吸收。菠萝中的果汁，能有效地酸解脂肪，有瘦身、保持身材的作用。一日三餐中搭配菠萝食品食用，对身体有较好的作用。

·营养小贴士·

强身保健蔬果汁

用苹果、西柚、胡萝卜、西红柿等
蔬果打出健康蔬果汁，
调节代谢、抵抗氧化，
强壮身体从一杯蔬果汁开始。

樱桃酸奶

外表颜色选购樱桃时，深红或偏暗红色的，通常较甜。樱桃无沾水零度冷藏可保存7天左右。

强身保健 蔬果全知道

胡萝卜　胡萝卜具有平衡血压、帮助血液循环、净化血液、促进新陈代谢、清理肠胃的功能，是天然的综合维生素蔬果。

西瓜　西瓜中富含L-瓜氨酸、多种维生素及微量元素，能控制血压、抗氧化、增强免疫力、防止细胞损伤，具有清热解暑、除烦止渴的功能。

木瓜　木瓜不仅果肉滑、味香甜，而且具有抗菌消炎、舒筋活络、软化血管、抗衰养颜、祛风除湿、消肿止痛的功能。

柠檬　柠檬中丰富的维生素C可促进人体对铁的吸收，有助于免疫系统抗击感冒，还具有美容护肤、促进伤口愈合、开胃消食、改善血液循环等功能。

西红柿　西红柿中丰富的叶红素具有抗氧性、增强人体免疫的功能；还富含维生素C，具有维护人体肌肉、骨骼、牙齿及胶质的健康和免疫功能的正常运转。

 苦瓜　苦瓜的苦味能刺激味觉，增进食欲，帮助消化，有利于开胃消食，经常食用可增强人体免疫功能，进而促进人体免疫系统抵御癌细胞。

 葡萄　葡萄富含矿物质和多种维生素，还有多种人体所需的氨基酸，具有补肝肾、益气血的功能，葡萄中的多果酸可健脾和胃、促进消化、增强免疫。

 芒果　芒果丰富的 β - 胡萝卜素、维生素 A、C，能防治高血压、动脉硬化，具有润泽肌肤、清理肠胃、提升机体免疫力的功能，芒果酮酸还具有抗癌的作用。

 草莓　草莓营养丰富，具有润肺生津、健脾和胃、补血益气的功能，还能防治高血压、冠心病、动脉硬化等，饭后常食草莓，能促进消化，增强免疫力。

 柚子　柚子具有健胃化食、下气消痰、降低血糖血脂、美容养颜、促进伤口愈合的功能，还能预防脑血栓、中风、血管硬化等疾病。

南瓜牛奶

Q&A
南瓜怎样挑选更美味？

南瓜宜选择外观完整、果肉金黄、分量较重，表面没有损伤、虫蛀的南瓜。外皮颜色较深且粗糙无光泽、用指甲掐坚硬不留痕迹，瓜肉橘黄颜色鲜浓的南瓜比较成熟，营养成分含量也高。南瓜在阴凉干燥处耐储存。

材料

南瓜一块（约250g）、纯牛奶1袋（约220g）、大米1把（约50g）、沸水半碗

制作方法

大米使果汁更浓稠，口感更香滑

1 大米提前浸泡半小时。

2 南瓜洗净、去皮、去籽，用刀切成小丁块。

3 将泡好的大米滗干水，倒入豆浆机。

液体可全用牛奶或全用沸水

4 将南瓜丁和牛奶倒入，注入适量沸水至水位线。

浸泡可使南瓜软化，味道更浓厚

5 整体浸泡5分钟，按下开关，打成豆浆。

6 最后，将果汁倒入杯中，即可食用。

强化免疫 + 调节代谢

南瓜富含微量元素钴、维生素和果胶，钴能活跃人体新陈代谢，可防治糖尿病、降低血糖；果胶可保护胃黏膜、健脾养胃。南瓜能消除致癌物质亚硝胺的突变作用，能帮助恢复肝、肾功能，提高机体免疫力。

·营养小贴士·

西瓜桃汁

强身
保健

Q&A
西瓜怎么选购才美味？

选购西瓜时，首先挑选纹路清楚、深淡分明、光泽鲜亮的西瓜；然后手托西瓜，用手指轻轻弹拍，发出"咚咚"的清脆声音，同时托瓜的手感觉轻微颤动的是熟瓜。西瓜保存期在13℃下可存放14~21天。

材料
西瓜3块、水蜜桃2个、香瓜1块、冰块2个

调料
柠檬半个、蜂蜜1小勺

制作方法

① 将西瓜瓤挖出、去籽，切块。

② 水蜜桃洗净、去皮、去籽，切块。

③ 香瓜去皮、去籽，切块。

④ 将西瓜块、水蜜桃块、香瓜块放入果汁机中。

⑤ 将冰块压碎，放入果汁机中，按下开关，搅打成果汁。

⑥ 倒出果汁，挤入适量柠檬汁，淋入1小勺蜂蜜，调匀即可。

强化免疫 + 调节代谢

西瓜富含多种维生素，能够抗氧化、增强免疫力，常吃可促进孩子的牙齿和牙龈健康。西瓜中大量的硫胺素、镁、钾等微量元素，可替代菠菜和其他深绿色叶类蔬菜，吃西瓜对这些元素的吸收效率更高。

·营养小贴士·

苹果雪梨汁

苹果怎么挑才更新鲜？

购买苹果时，并不是越好的苹果就代表越甜，颜色过红的苹果反而含水量少，也不够清脆，要尽量挑选表皮有条纹的苹果，吃起来口感才好。另外，质量较轻的苹果吃起来比较绵软，较重的苹果吃起来更脆。

材料
雪梨2个、苹果1个

调料
蜂蜜1小勺

制作方法

① 雪梨、苹果均洗净、去皮，切成小块，备用。

② 将梨块和苹果块放入榨汁机中，搅打成果汁。

③ 然后滤出果汁中的碎渣，将果汁倒入杯中。

④ 最后，拌入蜂蜜即可。

促进排便 + 控制血糖

苹果常被称为最全面的水果，俗语有"一天一苹果，医生远离我"的说法。苹果富含果胶、纤维素能保持血糖的稳定，促进人体排便，对于想要控制血糖的人来说，苹果是非常好的水果。

·营养小贴士·

胡萝卜石榴汁

Q&A
石榴怎样挑选才美味？

挑选石榴时，建议尽量选皮薄的，如果外表光泽发亮，呈五角形显棱，就是新鲜的石榴；外皮如果有斑块，则大都是不新鲜的。另外，相同大小的石榴如果其中一个感觉重一点儿，就说明是熟透了的。

材料
胡萝卜1根、石榴1个、凉白开半碗

调料
蜂蜜1小勺

制作方法

1 胡萝卜洗净、去皮，切成丁。

2 石榴剥皮，取出果粒。

3 胡萝卜丁和石榴果粒一起放入果汁机。

4 倒入凉白开水，按下开关，搅打成果汁。

5 倒出果汁，用粗筛网和细筛网分别过滤。

6 过滤后的果汁中淋入1小勺蜂蜜，调匀即可。

强化免疫 + 调节代谢

石榴富含果糖和多种维生素、矿物质，有助于消化，增强孩子的食欲，还能软化血管预防冠心病、高血压，抗衰老。石榴的维生素C含量高于苹果和梨，具有美容养颜的功能。

·营养小贴士·

金橘胡萝卜汁

Q&A
金橘怎样选购才美味？

选购金橘时，建议挑选表皮光泽亮丽、越薄越好，颜色呈金黄色或橘色，手指轻捏会冒出少许油，味道清香的金橘。底部是灰色小圆圈形状，长柄一端微微凹进去的金橘较甜。金橘放通风阴凉处可保存较长时间。

材料
胡萝卜1个、金橘5个、凉白开水半碗

调料
柠檬半个、蜂蜜1小勺

制作方法

去除金橘的膜和籽以免影响口感

1 胡萝卜洗净、去皮，切成丁。

2 金橘剥皮，去除内膜和籽。

3 将胡萝卜丁和金橘瓣放入果汁机中。

4 倒入凉白开水，按下开关，搅打成果汁。

5 倒出果汁，滤掉果渣，再挤入适量柠檬汁。

6 淋入1小勺蜂蜜，调匀即可饮用。

强化免疫 + 调节代谢

胡萝卜所含的维生素A不仅可以保健眼睛，还能润泽肌肤、美容祛斑，常食用有助于孩子骨骼发育。金橘中含丰富的维生素C可生津消食、化痰利咽，有助于对抗感冒病毒，提高免疫力。

·营养小贴士·

西柚苹果汁

Q&A
西柚需怎样保存？

新鲜的柚子最好存放在通风处，所处环境的温度也不宜过低，最好在
10℃以上。柚子皮不要沾染酒水，不然会很快腐烂。柚子皮可以用来榨
汁，或是用来调酒。西柚榨成汁后还可以用来拌沙拉和凉菜。

材料
西柚1个、苹果1个、凉开水1杯

调料
白糖1勺

制作方法

① 西柚洗净、对半切开、去皮去
核、取肉。

② 苹果洗净、去核、去皮，切成
小块备用。

③ 将西柚和切成小块的苹果放入
果汁机。

根据口感也可放入温开水

④ 将凉开水倒入果汁机。

⑤ 按下开关，将各项材料搅拌
均匀。

⑥ 最后，倒出已搅拌好的果汁，
加入白糖1勺调味即可。

延缓衰老 + 瘦身保健

西柚富含番茄红素，可以清除自由基，延缓人体衰老。西柚属于低热量
水果，其中的酶可以影响人体对糖分的吸收和利用，使糖分有效转化成
能量，在瘦身保健的同时又让人精力充沛。

·营养小贴士·

芒果柳橙汁

Q&A
柳橙怎么挑选？

选购柳橙时，表皮闪亮光泽，手指轻捏会冒出少许油，颜色呈深黄色或橘色的柳橙比较新鲜、成熟。手感较沉的柳橙果肉饱满，果脐小且不凸起的口感越好。阴凉通风处柳橙很耐保存。

材料

芒果1个、柳橙2个、柠檬1个、凉白开水半碗

调料

蜂蜜1小勺

制作方法

① 芒果洗净、去皮取肉，切成丁。

② 柳橙去皮，切成块。

③ 柠檬去皮，切成块，备用。

④ 将芒果、柳橙、柠檬一起倒入果汁机。

⑤ 凉白开水一起倒入果汁机，按下开关，搅打成果汁。

⑥ 倒出果汁，淋入1小勺蜂蜜，调匀即可。

强化免疫 + 调节代谢

柳橙等柑橘类水果含抗氧化成分，增强免疫系统、抑制癌细胞生长。芒果、柳橙都含有丰富的膳食纤维和维生素，能促进代谢、净化肠道、排出毒素，还具有美白抗氧化，降低胆固醇的功能。

·营养小贴士·

芝麻香蕉菠萝汁

Q&A
芝麻香蕉怎么选才美味？

选购芝麻香蕉时，建议挑选表皮金黄、果皮外缘棱线不明显、形体肥厚圆钝、尾端圆滑及果香浓郁的，注意真正的芝麻香蕉上面的麻点是浅褐色的、大小均匀，不会随时间推移增加、变大。香蕉在阴凉通风处可保存5~7天。

材料
芝麻香蕉2个、菠萝半个、苹果1个、凉白开水半碗

调料
蜂蜜1小勺

制作方法

1 芝麻香蕉去皮，切段。

2 菠萝去皮，去掉硬芯，果肉切成丁，放到淡盐水中浸泡10分钟。

3 苹果洗净、去皮、去核，切成丁。

4 将香蕉段、菠萝丁和苹果丁一起放入果汁机中。

5 倒入半碗凉白开水，按下开关，搅打成果汁。

6 倒出果汁，淋入1小勺蜂蜜，调匀即可。

强化免疫 + 调节代谢

香蕉含有多种营养物质，具有保护胃黏膜、润肺止咳、防止便秘的作用。香蕉中的钾能降低血压、防治高血压和心脑血管疾病，常食香蕉有益于大脑，能刺激神经系统，预防神经疲劳。

·营养小贴士·

西红柿芒果汁

強身保健

Q&A 西红柿怎么挑选才美味?

选购西红柿时,建议选择自然成熟的,注意辨别人工催熟的。颜色越红西红柿越成熟,外形圆润皮薄有弹力以及果蒂圆圈小的西红柿筋少水分多,果肉饱满,比较好吃。成熟的西红柿冷藏可保存10天左右。

材料
西红柿1个、芒果1个、圣女果10个、凉白开水半碗

调料
冰糖1小勺、柠檬半个

制作方法

① 西红柿洗净,切块。

② 芒果洗净、去皮,果肉切成丁。

③ 圣女果洗净,对半切开。

④ 将西红柿、芒果丁和圣女果一起放入果汁机中。

⑤ 加入凉白开水和冰糖,按下开关,搅打成果汁。

⑥ 倒出果汁,挤入适量柠檬汁,调匀即可。

强化免疫 + 调节代谢

西红柿含有大量果胶、茄红素及食物纤维,食物纤维不易消化,能吸附肠道内的脂肪排出体外,让人有饱腹感;茄红素能降低热量吸收,减少脂肪堆积,常食西红柿不仅能补充维生素,还有减肥的功效。

营养小贴士

樱桃酸奶

Q&A
樱桃怎么选更香甜?

选购樱桃时，外表颜色深红或偏暗红色的，通常较甜。樱桃表皮饱满光亮、微硬、呈D字扁圆形，果梗呈绿色的一般较新鲜，果蒂部位凹陷得越厉害的越甜。樱桃无沾水零度冷藏可保存7天左右。

材料
樱桃1碗、酸奶1袋、冰糖1小勺

调料
冰块2个、柠檬半个、蜂蜜1小勺

制作方法

① 樱桃洗净、去柄去核，对半切开。

② 将樱桃果肉用冰糖渍半个小时，拌成果酱。

③ 将樱桃果酱和酸奶一起倒进果汁机。

④ 将冰块压碎放入果汁机，按下开关，搅打成果汁。

⑤ 倒出果汁，挤入适量柠檬汁。

⑥ 淋入1小勺蜂蜜，调匀即可。

强化免疫 + 调节代谢

樱桃营养丰富，铁含量高，具有调中益气、健脾和胃、美容养颜之功效。酸奶能抑制肠道腐败菌的生长，促进肠胃吸收，刺激机体免疫系统，具有防治动脉硬化、冠心病及癌症，降低胆固醇的功效。

·营养小贴士·

橘子芒果汁

Q&A
橘子怎样选择才酸甜可口？

选购橘子时，建议分清公母，橘子底部有明显小圆圈的是母橘子，更甜；有小圆点的是公橘子。挑选个大皮薄、表面呈色泽闪亮的橘色或深黄色、底部捏起来光滑较软的橘子，口感更好。橘子保存期为1个月。

材料
橘子1个、芒果1个、菠萝半个、凉白开半碗

调料
蜂蜜1小勺

制作方法

盐水浸泡破坏菠萝蛋白酶，防止过敏

1 橘子去皮、去核，取瓤肉。

2 芒果洗净、去皮、去核，果肉切成小块。

3 菠萝去皮、去掉硬芯，切成小块，用淡盐水浸泡30分钟。

4 将橘子、芒果、菠萝一起放入果汁机中。

5 倒入凉白开水按下开关，搅打成果汁。

6 倒出果汁，淋入1小勺蜂蜜，调匀即可。

强化免疫 + 调节代谢

橘子富含维生素和柠檬酸，具有开胃理气、润肺化痰、生津止咳、美容养颜的作用，其中丰富的膳食纤维和果胶能降低胆固醇、降低血脂调节血压，防治心血管、预防动脉硬化，还能抑制和杀死癌细胞。

·营养小贴士·

葡萄柠檬汁

Q&A 葡萄怎样挑选才新鲜？

选购葡萄时，表面有一层白霜、果肉紧实饱满、果梗硬朗的比较新鲜。清洗时，先用自来水冲洗5分钟，再用剪刀一个个剪下来，留一点蒂防止脏水渗进果肉中，再用和了稀释面粉的水搅拌清洗。葡萄冷藏可存放3~5天。

材料
葡萄30颗、柠檬1个、橘子1个、凉白开水半碗

调料
蜂蜜1小勺

制作方法

1 葡萄洗净、去皮，去籽。

2 柠檬连皮洗净，去籽，切成小块。

3 橘子去皮、去籽，取橘瓤。

4 将葡萄、柠檬、橘瓤一起放进果汁机中。

5 把凉白开水倒入果汁机中，按下开关，搅打成果汁。

6 倒出果汁，淋入1小勺蜂蜜，调匀即可。

强化免疫 + 调节代谢

葡萄的矿物质和氨基酸，搭配柠檬中的多种维生素，具有美容护肤、健脾和胃、促进消化的功能，有助于抗击感冒，增强免疫系统的抵抗力，还可补肝肾、益气血、生津液、利小便、改善血液循环等。

·营养小贴士·

黄瓜菠萝汁

Q&A
黄瓜怎么挑选才新鲜？

选购黄瓜时，建议挑选体型细长匀称、表皮上的刺细小而密的嫩黄瓜，嫩黄瓜颜色深绿、表皮竖纹突出，口感比较好。新鲜黄瓜可以放在10℃左右环境下，冷藏保存10天的时间。

材料
小黄瓜1根、菠萝半个、橙子半个、凉白开水半碗

调料
蜂蜜1小勺

制作方法

盐水浸泡
破坏菠萝蛋白酶，
防止过敏

① 小黄瓜洗净、去掉尾部，切成小块。

② 菠萝去皮、去掉硬芯，切成小块，用淡盐水浸泡10分钟。

③ 橙子去皮、去籽、取瓤肉。

④ 将黄瓜、菠萝和橙子一起放进果汁机中。

⑤ 倒入凉白开水，按下开关，搅打成果汁。

⑥ 倒出果汁，淋入1小勺蜂蜜，调匀即可。

强化免疫 + 调节代谢

黄瓜具有清热利水、消肿解毒、生津止渴的功能。果汁中丰富的维生素能滋养肌肤、紧致毛孔、防止皮肤老化，具有美容养颜的功效，大量的纤维含量还能酸解脂肪、清理肠胃、起到减肥的作用。

·营养小贴士·

胡萝卜山楂汁

強身
保健

山楂怎样选购才美味？

选购山楂时，应选择颜色鲜亮、手感较硬的山楂，这种山楂比较新鲜，口味也好。偏甜的山楂表皮上点多且小而光滑，果肉呈白色、黄色或者红色，质地软而面。山楂冷藏可保存3~5个月。

材料
胡萝卜一根、山楂果1颗、清水1碗

调料
冰糖1勺

制作方法

1 胡萝卜洗净、去皮，切成小块；山楂洗净，对半切开，去蒂去核去梗。

2 锅中倒入一碗清水，先把胡萝卜放入煮开后再小火煮5分钟。

3 再放入山楂，一起再煮3分钟后关火，放凉。

4 将锅中的胡萝卜、山楂及汤水一起倒入果汁机中。

5 放入压碎的冰糖，按下开关，搅打成果汁。

6 最后，将果汁倒入杯中，即可饮用。

强化免疫 + 调节代谢

山楂营养丰富，可防治心血管疾病，预防动脉硬化，胡萝卜能提供丰富的维生素A，增强机体免疫力。孩子喝这款果汁，可开胃消食、增强食欲，促进机体正常生长，还有活血化瘀、改善睡眠、保持视力的作用。

营养小贴士

热门蔬果汁
活力排行榜 TOP 10

活力蔬果汁	营养素	活力加分	页数
1 猕猴桃蜂蜜汁	维生素 C+ 抗氧化素	猕猴桃果肉香甜，富含维生素 C，可以增强免疫力，做出的果汁酸甜可口。	P05
2 西红柿鲜橙汁	胡萝卜素 + 维生素 C	西红柿橙汁酸甜的口味可以增进食欲，营养素又都原始地保存了下来。	P07
3 草莓柳橙菠萝汁	维生素 B1+ 维生素 C	三种水果富含 B 族维生素和果糖，具有促进新陈代谢的作用，果香味十足。	P09
4 红枣苹果汁	纤维质 + 铁元素	果汁甘甜的口味深受喜爱。红枣和苹果富含纤维质，具有促进排毒的作用。	P11
5 菠萝柠檬汁	维生素 C+ 糖类	菠萝和柠檬富含果酸和糖分，其酸甜的口味也深受男女老少的喜爱。	P13
6 石榴柠檬汁	花青素 + 维生素 C	鲜石榴汁含有的红石榴多酚和花青素等天然抗氧化物，可预防皮肤暗沉。	P15
7 蜜桃优酸乳	铁元素 + 益生菌	水蜜桃富含水和铁元素，既能补充水分，又能补血养颜，深受女生的喜爱。	P17
8 芒果柳橙苹果汁	果胶 + 维生素 C	芒果和苹果中都含有果胶，它可以吸附肠道内的废物，帮助舒活身体。	P19
9 西瓜葡萄汁	钾元素 + 抗氧化物	西瓜与葡萄搭配，不仅可以补水，葡萄中的抗氧化物，还能抵抗细胞氧化。	P21
10 水蜜桃芒果汁	糖 + 维生素 C	水蜜桃和芒果能为人体补水，其甘甜的口味，也受到女士和孩子的喜爱。	P23